AF324442

RÉGLEMENT

DE LA
SOCIÉTÉ IMPÉRIALE

DES

NATURALISTES

DE

MOSCOU.

CONFIRMÉ PAR

S. E. LE MINISTRE DE L'INSTRUCTION PUBLIQUE

le 13 Mars 1837.

————————

MOSCOU.

DE L'IMPRIMERIE DE L'UNIVERSITÉ.

1837.

RÉGLEMENT

DE LA

SOCIÉTÉ IMPÉRIALE

DES

NATURALISTES

DE

MOSCOU.

CONFIRMÉ PAR

S. E. LE MINISTRE DE L'INSTRUCTION PUBLIQUE

le 13 Mars 1837.

MOSCOU.

DE L'IMPRIMERIE DE L'UNIVERSITÉ.

1837.

RÉGLEMENT

DE LA
SOCIETÉ IMPÉRIALE
DES NATURALISTES
DE MOSCOU.

DISPOSITIONS GÉNÉRALES.

1.

Conformément au consentement Suprême, accordé en 1807, la Société des Naturalistes de Moscou conserve le titre de Société IMPÉRIALE.

2.

Le principal but de la Société est de s'occuper de l'Histoire Naturelle et des Sciences qui s'y rattachent, telles que

1

l' Anatomie du corps humain et l' Anatomie comparée, la Chimie, la Physique, etc.

5.

Ses efforts tendent surtout à répandre les connaissances relatives à l'Histoire Naturelle de la Russie ; et elle porte particulièrement ses recherches sur les productions qui pourraient développer, dans nos contrées, quelque branche nouvelle de commerce et d'industrie. Dans cette vue, elle recueille toutes les productions naturelles de l' Empire, en Minéralogie, en Botanique, en Zoologie.

4.

Dans ce but, la Société entrera en relation, soit avec les savans russes dont les observations particulières peuvent contribuer au perfectionnement des connaissances sur les productions naturelles dans les divers climats de la Russie, soit avec les savans étrangers, qu'elle engagera à lui communiquer tout ce qui peut aider à propager les sciences que ses travaux embrassent.

5.

La Société tiendra un régistre exact de tous les objets qu'elle recevra de ses membres ou des personnes étrangères. Ce régistre sera publié.

6.

Tous les objets d'Histoire Naturelle acquis par la Société sont conservés au Musée de l'Université IMPÉRIALE de Moscou; ils se reconnaissent à une marque particulière, du choix même de la Société.

7.

Les objets d'Histoire Naturelle ne sont reçus dans le Musée de l'Université qu'après un examen et une détermination complète de leur nature.

8.

Les doubles d'objets d'Histoire Naturelle restent entièrement à la disposition de la Société; ils servent, au moyen d'échanges mutuels, à l'acquisition de nouveaux objets, qui entrent à leur tour dans le Musée de l'Université.

9.

Les objets d'Histoire Naturelle qui parviennent à la Société et qui restent entre ses mains pour quelque temps et jusqu'à leur détermination complète, ont un local particulier, qui sert à la fois à la Société de lieu de séances, de Bibliothèque et d'Archives. La Société reçoit ce local de l'Université IMPÉRIALE de Moscou.

10.

La Bibliothèque et les instrumens de Physique forment la propriété inaliénable de la Société.

11.

La Société a son cachet; il porte les armes de l'Empire avec cette inscription: *De la Société IMPÉRIALE des Naturalistes de Moscou.*

12.

Conformément au privilége obtenu en 1808, la Société est affranchie de tout paiement pour envoi d'argent, comme pour envoi de lettres et de paquets relatifs aux objets de science, lorsque cet envoi ne dépasse pas un poud (16 kil. 240).

DE L'ENTRETIEN DE LA SOCIÉTÉ.

13.

Deux sommes sont assignées à l'entretien de la Société: l'une est fixe, l'autre dépend des dons volontaires.

14.

La somme fixe consiste, premièrement: en 10,000 roubles que la Société doit, tous les ans, à la munificence de SA MAJESTÉ L'EMPEREUR, pour subvenir à ses opérations, et conformément aux Oukases du 9 Février 1818 et du 11 janvier 1829; et secondement: en ce qui résulte du dépôt intégral de 30 roubles ass. fait par chaque membre, chaque année.

15.

La recette volontaire consiste dans les dons des membres de la Société. Ces dons sont remis au premier Secrétaire, qui en tient compte, et qui, chaque mois, en porte le résultat à la connaissance de la Société.

16.

La Société a le droit d'accepter, au moyen de ces dons volontaires, les sacrifices de tout genre faits en sa faveur, soit en meubles soit en immeubles, et de conclure à cet effet toute convention, toute transaction légale.

17.

Il sera fait mention de tous les dons volontaires en faveur de la Société, dans le plus prochain numéro de son Journal; et ceux qui auront mérité une attention particulière, seront imprimés dans la Gazette de Moscou.

DES MEMBRES DE LA SOCIÉTÉ.

18.

La Société se compose de Membres ordinaires et de Membres honoraires.

19.

Pour être reçu membre, tout candidat doit:

1°) Etre présenté par un membre qui témoigne de ses connaissances.

2°) Présenter à la Société quelque dissertation ou quelque ouvrage dont il soit l'auteur et qui soit connu dans le monde savant.

3°) Etre mis au scrutin, et obtenir les trois quarts des voix.

20.

Les Membres qui font part à la Société du fruit de leurs travaux et de leurs observations, ou qui lui envoient des objets d'Histoire Naturelle rassemblés par leurs soins, ont le droit de recevoir gratuitement le journal publié par la Société.

21.

Les Membres qui déposent la somme annuelle désignée par le § 14, ont le droit de recevoir gratuitement le Journal, les Mémoires et toute publication faite par la Société.

22.

L'auteur d'un article inséré dans le Journal ou dans les Mémoires de la Société, ou d'un ouvrage publié par la Société même, reçoit gratuitement 50 exemplaires de son travail.

DES TRAVAUX DE LA SOCIÉTÉ.

23.

La Société fait paraître des Mémoires, un Journal, et des ouvrages séparés, qui, à cause de leur étendue, ne peuvent faire partie des Mémoires ni du Journal.

Les Mémoires renferment les articles originaux les plus intéressans, le résultat des observations et des recherches des Membres de la Société.

Le Journal sert à répandre plus rapidement la connaissance des découvertes faites par les membres , et de plus, il renferme les articles d'une moindre importance, les extraits des protocoles des séances ainsi que de la correspondance scientifique , et, en général, tout ce qui concerne les travaux de la Société.

24.

Les ouvrages présentés à la Société peuvent être écrits en russe, en latin, en allemand, en italien et en français.

25.

La publication des Mémoires, du Journal et des ouvrages séparés est confiée au Bureau de la Société.

DE L'ADMINISTRATION DE LA SOCIÉTÉ.

26.

La Société a son Président. Le Président veille à l'execution du réglement, il dirige les opérations de la Société vers le but qui lui est assigné; il fixe les séances, signe les protocoles et autres actes.

27.

Le Curateur du cercle Universitaire de Moscou est de droit Président de la Société.

28.

La Société a un Vice-Président, choisi parmi les membres ordinaires, à la pluralité des voix. En l'absence du Président, il occupe sa place et entre dans tous ses droits.

29.

La Société a deux Secrétaires et un Trésorier, qui sont choisis, chaque année, parmi les membres ordinaires, à la pluralité des voix.

30.

Le premier Secrétaire est chargé de toute la correspondance de la Société. Toutes les lettres, tous les envois destinés à la Société doivent être adressés en son nom. Au commencement de chaque séance, il donne lecture du protocole de la séance précédente, et le signe avec le Président. Il expose le contenu des papiers nouvellement reçus, il dresse le protocole des séances, et tient la correspondance au nom de la Société. C'est encore lui qui, sous la direction du Président, établit le compte-rendu général.

51.

Le second Secrétaire prend la place du premier, en cas d'absence ou de maladie de celui-ci. Il est à la fois Bibliothécaire, Gardien des Archives et Conservateur des productions naturelles qui parviennent à la Société. C'est lui qui est chargé de l'envoi des doubles aux personnes qui les ont acquis par des échanges.

52.

En cas de besoin, la Société choisit parmi ses membres ordinaires un Conservateur pour les objets d'Histoire Naturelle, lequel, en recevant ce titre, devient membre du Bureau de la Société.

53.

Le Trésorier est dépositaire des fonds de la Société. Il reçoit l'argent, tient note des rentrées, et fait tous les débours que la Société a jugés nécessaires. Il est responsable de toute la comptabilité. A la fin de l'année, et conformément à des statuts particuliers établis d'avance pour cet objet, il rend compte de tous les fonds que renfermait la caisse.

34.

Le Président, le Vice-Président, les Secrétaires, le Conservateur des objets d'Histoire Naturelle et le Trésorier, auxquels sont adjoints deux Membres, élus à la pluralité des voix, forment la Direction de la Société, en d'autres termes, le Bureau. Dans les circonstances qui exigent une prompte décision, la Direction agit au nom de la Société; et, après avoir dressé un rapport sur la décision qu'elle a prise, elle le communique à la Société dans la séance qui doit suivre.

DISPOSITIONS INTÉRIEURES.

35.

Les Séances de la Société ont lieu une fois par mois, à l'exception des mois de Mai, Juin, Juillet, Août et Septembre. Au commencement de l'année, les membres sont informés des dates auxquelles ces séances sont fixées pour tout le cours de l'année.

56

Toute discussion étrangère aux sciences qui font l'objet des travaux de la Société, est bannie des séances.

57.

Tout membre a le droit d'amener des personnes de sa connaissance aux assemblées de la Société.

58.

La Société verra surtout avec plaisir dans ses assemblées les Étudians qui auraient un goût particulier pour les sciences auxquelles elle consacre ses travaux ; et, dans l'intention de développer encore ce goût en eux, elle recevra au nombre de ses membres ceux de ces jeunes Naturalistes qui se montreront dignes de cet honneur.

9 782329 247892